Heiko Henn

# Gyroskope in Raketen

## Werden Faseroptische Kreisel eingesetzt?

GRIN Verlag

**Bibliografische Information der Deutschen Nationalbibliothek:**

Die Deutsche Bibliothek verzeichnet diese Publikation in der Deutschen National-
bibliografie; detaillierte bibliografische Daten sind im Internet über http://dnb.d-
nb.de/ abrufbar.



**Impressum:**

Copyright © 2010 GRIN Verlag, Open Publishing GmbH
Druck und Bindung: Books on Demand GmbH, Norderstedt Germany
ISBN: 978-3-640-75590-5

**Dieses Buch bei GRIN:**

http://www.grin.com/de/e-book/161974/gyroskope-in-raketen

# Gyroskope in Raketen

## Werden Faseroptische Kreisel eingesetzt?

**Verfasser:**
**Heiko Henn**

Januar 2010

# Inhaltsverzeichnis

# Abbildungsverzeichnis

# 1 Einführung und Zielsetzung

Ein Kreiselinstrument oder Gyroskop (von gyros für ‚Drehung' und skopein für ‚sehen') ist ein sich schnell drehender symmetrischer Kreisel, der an einem oder an mehreren Punkten kardanisch aufgehängt ist.[1]

So lautet zumindest die Erklärung von Wikipedia. In der Tat ist dies eine treffliche Erklärung dessen, was einen Teil dieser Seminararbeit darstellt. Ziel ist aber nicht nur die Erläuterung der sogenannten "mechanischen Kreisel", sondern vor allem die Betrachtung der optischen Gyroskope und insbesondere Erkenntnisse der Einsatzgebiete von Faserkreiseln in Raketen. Doch beginnen wir ganz am Anfang mit den Grundlagen:

Ein Gyroskop dient zur Erfassung von Drehbewegungen und/oder räumlichen Orientierungen. Seine Geschichte begann um 1900. Die erste wichtige Anwendung ist der von Anschütz entwickelte Kurskreisel (Kreiselkompass), der zum unentbehrlichen Hilfsmittel für die Navigation von Seeschiffen wurde. In den zwanziger Jahren wurden Kreisel in der Luftfahrt, zum Beispiel für Nachtflüge, als Lagesensor (künstlicher Horizont) und Wendekreisel (Gierraten-Anzeiger) erfolgreich eingesetzt.

Der Einsatz von Drehratengebern in der Inertialnavigation begann in den fünfziger Jahren. In den sechziger und siebziger Jahren erfolgte dann eine Verfeinerung der Kreiselgeräte insbesondere in Hinblick auf erhöhte Genauigkeiten, wobei mit den optischen Kreiseln auch nichtmechanische Systeme zum Einsatz kamen. Ab den achtziger Jahren gab es - aufbauend auf neuen Messprinzipien bei in Massen hergestellten Billigkreiseln - Neuentwicklungen, die in Geräten des täglichen Bedarfs eingesetzt wurden. Dies waren zum Beispiel das Antiblockiersystem in der KFZ-Technik oder der „Verwackelschutz" in Videokameras.[2]

Im nächsten Kapitel werden der mechanische Kreisel und seine Funktionsweise genauer beschrieben.

---

[1] Vgl. http://de.wikipedia.org/wiki/Gyroskop, eingesehen am 26.12.2009 um 11.29 Uhr
[2] Vgl. Deppner, Heinz Georg: Drehratenmessgeber, Bremen 1990, S. 10

# 2 Bauarten und Funktionsweisen unterschiedlicher Gyroskope

## 2.1 Das mechanische Gyroskop

Abbildung 1 zeigt einen "einachsig gefesselten Kreisel". Seine Funktion stellt das Grundprinzip aller mechanischen Kreisel dar. Sie lässt sich mit der „U-V-W-Regel" beschreiben: Wird ein Drehmoment auf die Eingangsachse i ausgeübt (Ursache), versucht der um die Drehachse S (Vermittler) rotierende Kreisel diesem Moment auszuweichen. Das kann er aufgrund seiner Fesselung nur durch eine Präzession um die Ausgangsachse o (Wirkung).[3]

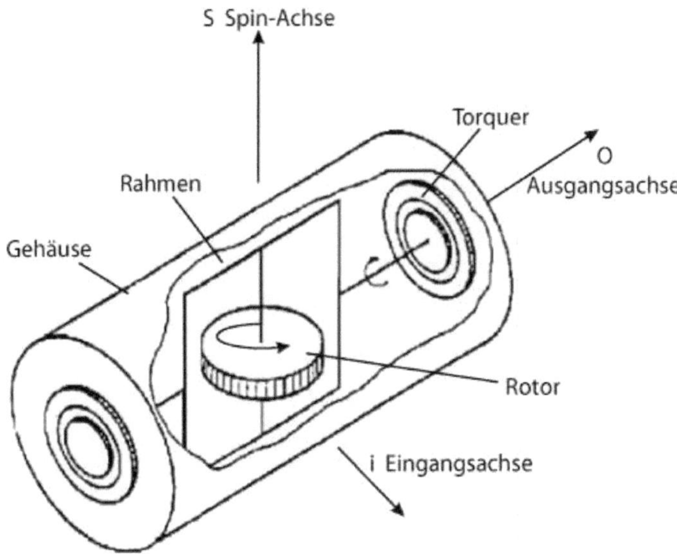


Quelle: Deppner, Heinz Georg: Drehratenmessgeber

---

[3] Vgl. Deppner, H. G., a.a.O., S. 10

Das Moment in der Ausgangsachse ist, konstante Rotordrehzahl vorausgesetzt, bei kleinen Auslenkungen von der Ruhelage direkt proportional zur Eingangsdrehgeschwindigkeit. Ein Gegenmoment wird durch eine Hebel-Feder-Anordnung oder, wie in Abbildung 1, durch einen Torque-Motor mit Regelschleife aufgebracht.[4]

Dieses System hat aber konstruktionsbedingt eine beachtliche Schwäche:
Die Lagerung der Ausgangsachse o muss einerseits alle auftretenden Momente und Gewichtskräfte auffangen, also entsprechend stabil sein, andererseits ist o die sensitive Achse, und die Lager müssen möglichst reibungsfrei sein, um Messfehler zu minimieren. Diese widersprüchlichen Forderungen führen zu einem immensen Aufwand bei der Ausführung der Mechanik.[5]

Um diese Schwäche zu umgehen, wurde der "dynamisch abgestimmte Kreisel" entwickelt. Er umgeht auf elegante Weise die Schwächen des einachsigen Kreisels. Weiterhin ermöglicht er eine Messung in zwei Achsen mit nur einem System.

Abbildung 2: Dynamisch abgestimmter Kreisel

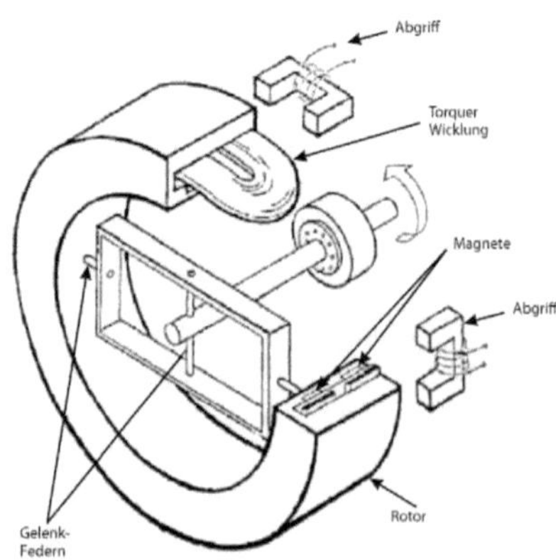


Quelle: Deppner, Heinz Georg: Drehratenmessgeber

---

[4] Vgl. Deppner, H. G., a.a.O., S. 10
[5] Vgl. ebenda, S. 11

Ein ringförmiger Rotor ist zweiachsig kardanisch aufgehängt, wobei die Kardangelenke durch Blattfedern gebildet werden. Der Ring ist damit frei beweglich und vom Antrieb entkoppelt, solange die Auslenkungen um die zentrale Antriebsachse klein bleiben. Im Betrieb wirken auf den Ring die Trägheitsmomente durch die Rotation. Dem entgegen stehen die Federmomente der Gelenke. Da die Trägheitsmomente vom Quadrat der Drehzahl n abhängen, die Federmomente aber konstant sind, ergibt sich bei einer charakteristischen Resonanz-Drehzahl N ein Gleichgewichtszustand, in dem sich alle auf den Rotor wirkenden Momente aufheben. Der Rotor „schwimmt" frei im Raum und widersetzt sich jeder aufgezwungen Drehbewegung senkrecht zur Rotorachse. Durch Torquer wird die relative Lage des Rotors zum Kreiselgehäuse nachgeführt, das dazu notwendige Moment, messbar über den Torque-Strom, ist ein direktes Maß für die Rate der Gehäusedrehung.[6]

Dank intensiver Forschung in den siebziger Jahren sind mechanische Gyros sehr präzise geworden:[7]

- Messbereich:          bis 6 Dekaden
- Signalbandbreite:    bis 100 Hz
- Genauigkeit:        bis unter 1°/h

Die Nachteile mechanischer Gyros sind:[8]

- teilweise hohes Gewicht und Größe
- durch Verschleißteile regelmäßige Wartungen nötig
- anfällig gegen starke Stöße.

---

[6] Vgl. Deppner, H. G., a.a.O., S. 12
[7] Quelle: ebenda, S. 12
[8] Quelle: KVH Industries, Inc.: An update on KVH Fiber Optic Gyros and their benefits relative to other Gyro technologies, Middletown 2007, S. 2-3

Abbildung 3 zeigt mechanische Gyros wie sie in Flugzeugen oder auf Schiffen verwendet werden. Abbildung 4 zeigt einen sehr kleinen Gyro der Marke Graupner, wie er im Modellbau zum Beispiel in Hubschraubern zum Einsatz kommt. Er hat die Größe einer Streichholzschachtel. Die Miniaturisierung geht auf Kosten der Präzision, die in diesem Bereich aber dennoch ausreichend ist.

In nachfolgenden Kapiteln werden weitere Einsatzgebiete von Gyros erläutert.

Abbildung 3: Typische Mechanische Gyros

Abbildung 4: Mechanischer Gyro im Modellbau

Quelle: KVH Industries, Inc

Quelle: Graupner Modellbau

## 2.2 Der Laserkreisel

Der Laserkreisel, im englischen Ring Laser Gyro (RLG) genannt, ist einer der ersten Schritte hin zum verschleißfreien Messen von Bewegungen. Er misst, wie der mechanische Kreisel auch, absolute Bewegungen im Raum.

Der Laserkreisel nutzt, wie der Name schon sagt einen Laserstrahl, der in zwei gegenläufige Richtungen über drei oder mehr Spiegel eine geschlossene Bahn durchläuft, die mit Helium- und Neongas gefüllt ist. Im Detektor werden die beiden Strahlen kombiniert und das resultierende Interferenzmuster wird analysiert. Wird der Kreisel bewegt, ändert sich das Interferenzmuster aufgrund der Phasenverschiebung.[9]

Das Prinzip dieses Kreisels beruht auf dem Sagnac-Effekt, der in einem späteren Kapitel beschrieben wird. In Abbildung 5 ist eine schematische Darstellung des Aufbaus eines Laserkreisels zu sehen.

Ein großes Problem des Laserkreisels ist, dass er nicht beliebig verkleinert werden kann, ohne an Präzision zu verlieren. Weiterhin besitzt er den sogenannten "lock-in" Effekt. Dieser bewirkt, dass der Kreisel erst ab einer bestimmten Drehgeschwindigkeit brauchbare Daten liefert. Aus diesem Grund wird er meist mittels eines Motors in ständiger Drehung gehalten, um den lock-in-Effekt zu umgehen.[10]

Hier entsteht nun ein ähnliches Problem wie beim mechanischen Gyro: Verschleißteile werden verwendet, die auch gewartet werden müssen. Dank der großen Genauigkeit der Laserkreisel, wird oder wurde dies aber lange Zeit in Kauf genommen.

Doch mit der Entwicklung hochwertiger Glasfasern bekam der Laserkreisel einen mehr als würdigen Konkurrenten.

---

[9] Vgl. KVH Industries, Inc., a.a.O., S. 4
[10] Vgl. ebenda, S. 4

Abbildung 5: Schematische Darstellung eines Laserkreisels

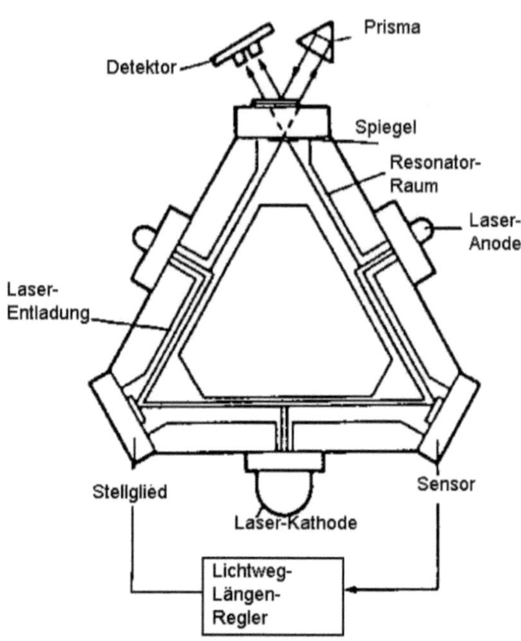


Quelle: Deppner, Heinz Georg: Drehratenmessgeber

## 2.3  Der Faserkreisel

Der Faserkreisel, im englischen Fiber Optic Gyro (FOG), beruht wie der Laserkreisel auch auf dem Sagnac-Effekt. Auch er nutzt als Lichtquelle einen Laser, genauer gesagt eine Laserdiode oder auch eine Superlumineszenzdiode (SLD). Auch hier werden wie beim Laserkreisel Detektoren eingesetzt, die bei Rotation das entstehende Interferenzmuster messen. Der Hauptunterschied liegt nun darin, dass der FOG Glasfaser als Lichtleiter verwendet und keine Spiegel. Diese Fasern können bis zu fünf Kilometer lang sein und über 3180 Windungen haben.[11]

Durch das Aufwickeln auf eine Spule werden sehr kleine Baugrößen erreicht, kleiner als bei Laserkreiseln. Die Glasfaser im FOG ist eine so genannte Monomodefaser mit geringer Dämpfung, die aus dotiertem amorphem Quarz besteht.[12]

In Abbildung 6 ist das grundlegende Schema eines Faserkreisels dargestellt.

Abbildung 6: Schema eines Faserkreisels

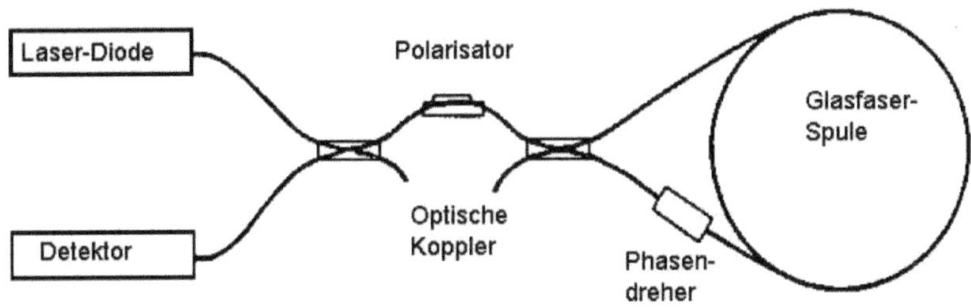


Quelle: Deppner, Heinz Georg: Drehratenmessgeber

---

[11] Vgl. KVH Industries, Inc., a.a.O., S. 4
[12] Vgl. Bundesministerium für Forschung und Technologie: Entwicklung und Erprobung eines miniaturisierten Faserkreisels, Stuttgart 1985, S. 14

Die Vorteile von Faserkreiseln sind:[13]


- schnelle Reaktionszeit
- Unempfindlichkeit gegen Vibrationen
- hohe Messbandbreite
- hohe Zuverlässigkeit.


## 2.4  Der Sagnac-Effekt und das Sagnac-Interferometer

Der Sagnac-Effekt ist die physikalische Grundlage aller optischen Kreisel. Er wurde nach dem französischen Physiker und Entdecker Georges Sagnac benannt.

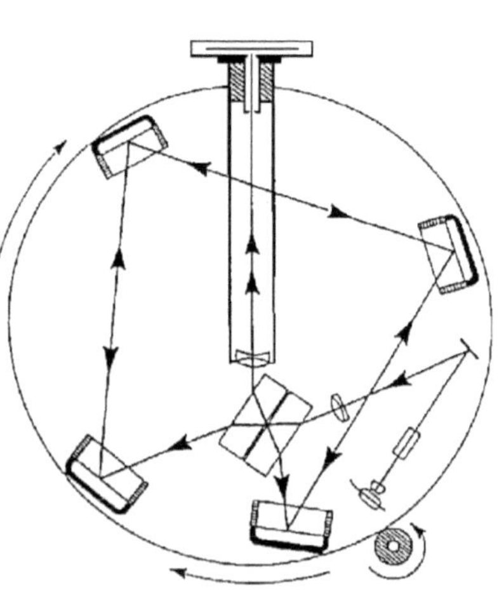

Abbildung 7: Versuchsaufbau von Georges Sagnac

Sagnac machte im Jahre 1913 mit dem in Abbildung 7 skizzierten Aufbau das folgende Experiment: In einem optischen System trennte er mit Hilfe eines halbdurchlässigen Spiegels Licht, um es anschließend auf einen geschlossenen Weg einmal „rechts" und einmal „links" herum zu schicken. Wiedervereinigt machte er es auf einer Mattscheibe sichtbar. Als er die gesamte Anordnung in Rotation versetzte stellte er fest, dass auf der Mattscheibe

Quelle: Deppner, Heinz Georg: Drehratenmessgeber

Interferenzerscheinungen sichtbar wurden. Er erkannte, dass diese Erscheinungen durch Laufzeitunterschiede des mit und gegen die Rotationsbewegung umlaufenden Signals zu tun haben müssen.[14]

---

[13] Quelle: Bundesministerium für Forschung und Technologie: Kurs/Lage-Referenzsystem mit Faserkreisel, Freiburg 1989, S. 2
[14] Vgl. Deppner, H. G., a.a.O., S. 12

Und es ist tatsächlich so, dass das in Rotationsrichtung laufende Signal einen längeren Weg zurücklegen muss, da sich während der Umlaufzeit des Signals auch die Mattscheibe als Ort der Signalauswertung weiterbewegt. Das entgegen der Rotationsrichtung umlaufende Signal hat einen entsprechend kürzeren Weg. [15]

Abbildung 8: Vereinfachte Darstellung des Sagnac-Effektes

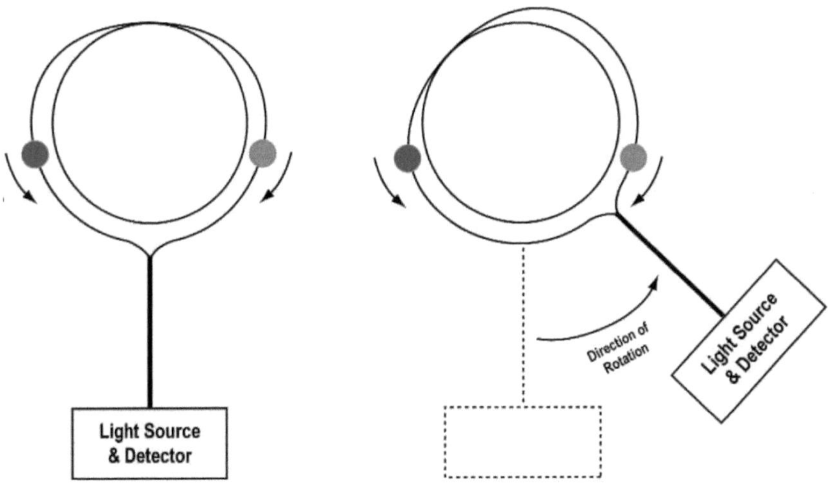


Quelle: KVH Industries, Inc.

In Abbildung 8 wird dieser Sachverhalt noch einmal anschaulich verdeutlicht. Die beiden farbigen Punkte sollen eine Momentaufnahme der sich im Lichtleiter befindlichen Lichtwellen darstellen. Diese sich komplett drehende Apparatur wird als Sagnac-Interferometer bezeichnet.

---

[15] Vgl. Deppner, H. G., a.a.O., S. 12

Die Erklärung des Sagnac-Effekts ist allerdings in der Literatur nicht ganz eindeutig. Der Effekt stünde im Widerspruch zur allgemeinen und speziellen Relativität von Zeit und Raum. Bei einem materiellen Signalträger, der sich deutlich langsamer als mit Lichtgeschwindigkeit bewegt, ist diese Interpretation auch berechtigt. Denn der Widerspruch zeigt sich anschaulich darin, dass sich beim klassischen Ansatz die Signalgeschwindigkeit und Relativgeschwindigkeit der Scheibe grundsätzlich überlagern. Wenn Signal- und Relativgeschwindigkeit dieselbe Richtung haben, muss ein fester Beobachter eine Geschwindigkeit vom Betrage her größer als die Signalgeschwindigkeit haben, was bei Licht als Trägermedium nach der Einstein'schen Relativitätstheorie nicht möglich ist. Doch eine richtige Erklärung des Sagnac-Effekts ist mit Hilfe der speziellen Relativitätstheorie möglich und beruht auf der Hypothese, dass relativ zu einem ruhenden System (das absolut gesehen wieder ein bewegtes System sein kann – denn wo ist eigentlich der absolut ruhende Punkt?) in einem bewegten System die Zeit langsamer vergeht.[16]

---

[16] Vgl. Deppner, H. G., a.a.O., S. 12

## 2.5 Technischer Vergleich der einzelnen Systeme

In diesem Kapitel werden Vergleiche zwischen den verschiedenen Gyro-Typen aufgestellt. Hierzu ist es notwendig, die verschiedenen Fehlerarten der Gyros zu kennen und zu verstehen:[17]

1. Die Bias-Stabilität:

    Jeder Gyro hat das Problem, dass er ab und zu Rotationen erkennt, obwohl keine vorhanden sind. Dieser Effekt wird Bias-Error oder "Drift" genannt. Er tritt durch Temperaturschwankungen auf.

2. Die Winkelauflösung (Scale Factor):

    Der Winkelauflösungsfehler ist die Differenz zwischen dem tatsächlichen und dem vom Gyro gemessenen Winkel, um den er gedreht wurde. Wenn die Drehung schneller wird, wird auch der Fehler größer.

3. Das Rauschen (Angle random walk (ARW)):

    Das Rauschen entsteht durch aktive Elemente im Gyro, wie zum Beispiel des Detektors oder der Lichtquelle. Es erzeugt einen zufälligen Winkeldrift.

Der Vollständigkeitshalber sei hier noch auf die sogenannten MEMS (Micro-electromechanical Systems) hingewiesen, die in gewisser Weise ähnliche Funktionen wie Gyros besitzen. Sie messen Bewegungen mittels eines sich durch Trägheit der Masse biegenden Quarzes. Diese MEMS sind sehr klein und kostengünstig herzustellen. Sie können in gewissen Anwendungsbereichen Vorteile gegenüber Gyros haben. Auch diese MEMS haben die gleichen oben beschriebenen Fehlerarten.

---

[17] Vgl. KVH Industries, Inc., a.a.O., S. 5f

In Abbildung 9 sind die Fehlerbereiche der einzelnen Gyros aufgezeichnet.

Abbildung 9: Fehlerbereiche von Gyros und MEMS

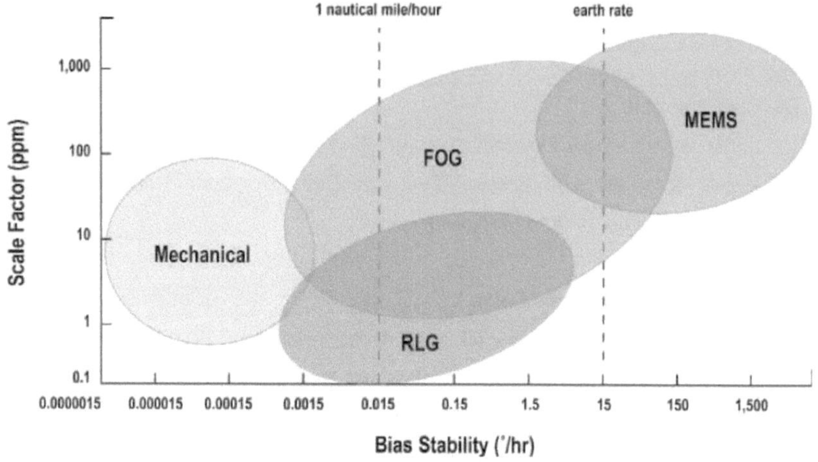


Quelle: Barbour & Schmidt: IEEE Sensors Journal, Vol. 1 No. 4, 2001

Abbildung 10 zeigt ein Vergleich zwischen vier verschiedenen Sensoren. Hier ist anzumerken, dass es zwei verschiedene Arten von FOGs gibt: Open-Loop und Closed-Loop. Die Firma KVH Industries setzt ausschließlich auf die Open-Loop Technologie, weshalb sie ihre FOGs als "KVH FOGs" bezeichnet. MTBF bedeutet "mean-time-between-failure"

Abbildung 10: Vergleich unterschiedlicher Systeme

| Gyro Type | Price/Axis | MTBF (hours) | ARW (°/hr) | Bandwidth (Hz) | Bias Stability (°/hr) | Scale Factor (%) |
|---|---|---|---|---|---|---|
| MEMS | $1,000 | 100,000 | >0.5 | 50-100 | 10-10,000 | 0.1-1.0 |
| KVH FOGs | $3,900 | 55,000 | 0.0667 | 100-1,000 | 1.0 | 0.15 |
| Closed-loop FOGs | $6,500 | 35,000 | 0.5-0.05 | >600 | 01.-10.0 | 0.01-0.1 |
| RLGs | $9,500 | 2,000 | <0.001 | 100-1,000 | <0.001 | <0.001 |

Quelle: KVH Industries, Inc.

# 3 Einsatzgebiete der Gyroskope

Je nach Gyro ist das Einsatzgebiet unterschiedlich. Ebenso ist je nach Einsatzgebiet die Anforderung an die Gyros verschieden. Hier ist besonders zu unterscheiden, ob eine, zwei oder drei Achsen gemessen werden sollen. Um Dreiachs-Messungen vornehmen zu können, müssen drei Gyros 90° versetzt zu einander zusammen mit der zugehörigen Messelektronik für die Datenauswertung in einer Messeinheit angeordnet werden. Solche Gyrosysteme werden dann als Inertialsysteme bezeichnet, da sie ihre Position ohne äußere Dateneinflüsse, wie zum Beispiel GPS, bestimmen können. Bezugspunkt ist hierbei meist der Erdmittelpunkt.

Die nun folgende Auflistung der Einsatzgebiete ist nach Gyroskop-Art gegliedert.

Mechanische Gyros:

- nach 1900 im Kreiselkompass zur Navigation von Seeschiffen
- in den 1920ern in der Luftfahrt als Kurskreisel
- in Modellhubschraubern
- in der A4 (V2-Rakete) im 2. Weltkrieg.

Laserkreisel (RLG):

- in der Luftfahrt
- in Marineschiffen
- in militärischen Landfahrzeugen
- zur Messung der Rotationskomponente von Erdbeben
- zur Messung der Erdrotation
- zur Vermessung von Pipelines
- zur Stabilisierung von Laser-Scannern und Kameras auf Flugzeugen
- beim Horizontalbohren
- bei Unterwasserrobotern.

Faserkreisel werden mittlerweile in fast den gleichen Bereichen wie Laserkreisel eingesetzt, da sie durch neuere Entwicklungen mittlerweile genauso präzise messen wie die Laserkreisel. Der Vorteil der FOGs ist hier aber der deutlich günstigere Preis und die geringe Baugröße. In Abbildung 11 ist ein Faserkreisel zu sehen, gerade mal so groß wie ein Stapel Spielkarten.

Abbildung 11: Der DSP-3000 der Firma KVH

Quelle: KVH Industries, Inc.

Einsatzgebiete von Faserkreiseln (FOG):

- in der Luftfahrt
- in Marineschiffen
- in militärischen Landfahrzeugen
- in Panzern zur Kanonenstabilisierung
- in Simulatoren im Militärbereich
- zur Vermessung von Pipelines
- zur Stabilisierung von Laser-Scannern und Kameras auf Flugzeugen
- beim Horizontalbohren
- bei Unterwasserrobotern
- bei der Parabolantennenstabilisierung
- in Torpedos
- in autonomen Fahrzeugen
- uvm.

Die Einsatzbereiche sind fast unbegrenzt und es kommen ständig neue hinzu, weshalb sich der Autor auf die oben beschriebenen begrenzt.

## 4 Faserkreisel in Raketen

Dieses Kapitel war bei der Recherche mit Abstand das Aufwendigste, denn die Raumfahrtindustrie und vor allem das Militär sind sehr zurückhaltend, wenn es darum geht, Informationen über ihre Entwicklungen und Anwendungen preis zu geben. Dennoch konnte der Autor ein paar Dinge in Erfahrung bringen.

### 4.1 Einsatz in der zivilen Raumfahrt

Abbildung 12: Explosionszeichnung der Ariane 5

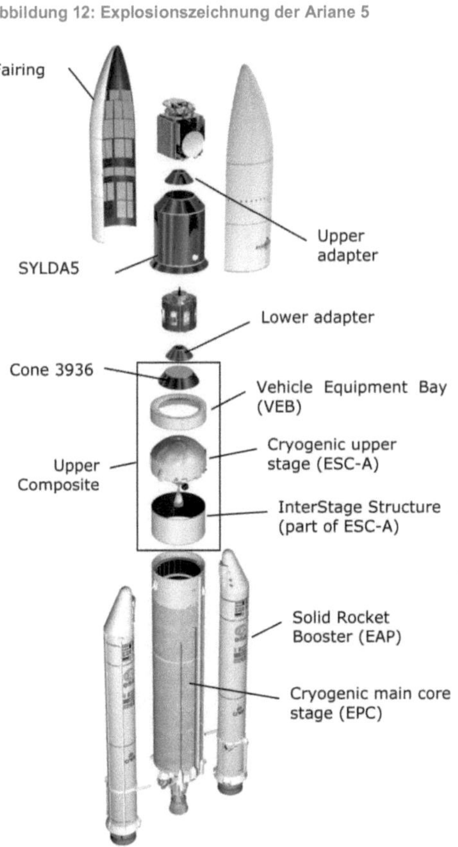


Quelle: Arianespace: Ariane 5 - User's Manual

Der Einsatz von FOGs in Raketen für die Raumfahrt findet definitiv statt. Ein Mitarbeiter von EADS Astrium hat in einem Telefonat mitgeteilt, dass die Ariane 5 in ihrer Oberstufe zur Lagebestimmung FOGs einsetzt. In welcher Sektion sie sich befinden, konnte er leider nicht sagen. Wahrscheinlich sind sie aber in der Vehicle Equipment Bay (VEB) untergebracht. Desweiteren befinden sich FOGs in den Positionssystemen der Satelliten, die die Ariane 5 in den Orbit transportiert.

## 4.2 Die militärische Nutzung

Auch das Militär nutzt faseroptische Gyros. Diese Informationen sind auf der Internetseite der Firma iMAR (www.imar-navigation.de) zu finden. Hier wird ein FOG vorgestellt, der speziell für die Bundeswehr entwickelt wurde. Im Telefonat mit iMAR war in Erfahrung zu bringen, dass dieser FOG in der so genannten RAM verwendet wird. Die RAM ist eine Rakete, die überwiegend auf Schiffen zur Abwehr feindlicher Angriffe verwendet wird. In Abbildung 13 ist diese Rakete beim Abschuss zu sehen. Der Autor geht davon aus, dass die FOGs zur Kontrolle der Rollbewegung der Rakete dienen. Dies sind aber nur Spekulationen.

Abbildung 13: Das Schnellboot S75 ZOBEL beim Verschuss eines RAM Flugkörpers (RIM-116-Rolling Airframe Missle)

Quelle: Bundeswehr, Björn Wilke, 2006

In Abbildung 14 ist der FOG zu sehen, der in der RAM verwendet wird. Im Anhang befindet sich das komplette Datenblatt dazu.

Abbildung 14: Das Inertialsystem iIMU-FI-M2 der Firma iMAR

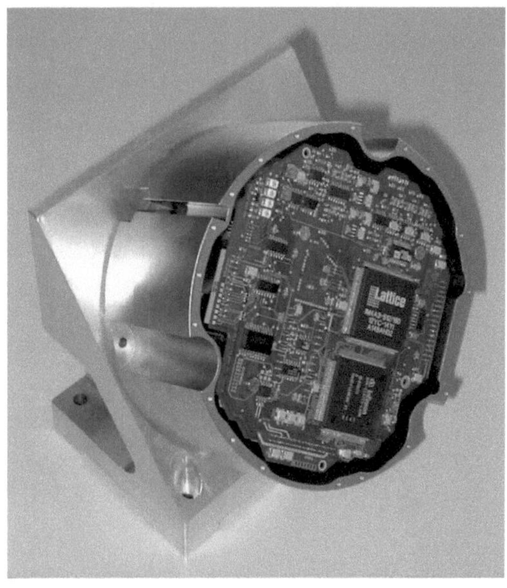

Quelle: iMAR GmbH, St. Ingbert, 2003

Die Firma Northrop Grumman LITEF mit Sitz in Freiburg ist laut eigenen Angaben Weltmarktführer auf dem Gebiet der FOGs. Auf ihrer Internetseite werden ihre Produkte vorgestellt. Unter anderem findet man dort die "FOG IMU" mit folgender Beschreibung:

„Die FOG IMU ist modular aus drei µFORS Drehratensensoren, einer B-290 Beschleunigungsmessertriade sowie Prozessorkarte und Stromversorgung aufgebaut. Sie zeichnet sich durch geringes Gewicht, hohe Genauigkeit und leichte Anpassung an verschiedene Anforderungen aus. Zielanwendungen sind Lenkflugkörper verschiedener Kategorien (Luft-Luft, Luft-Boden)."[18]

---

[18] Quelle: http://www.northropgrumman.litef.de/index_d.htm ; eingesehen am 01.01.2010 | 17.00 Uhr

In welchen Raketen diese "FOG IMU" eingesetzt wird ist nicht ganz ersichtlich. Der Hersteller nennt zwar Raketen (Taurus, Meteor, IRIS-T, RBS-15, Harm und Bamse)[19], gibt aber nicht an, ob hier MEMS, FOGs, RLGs oder mechanische Kreisel verbaut sind. In Abbildung 15 ist die "FOG IMU" zu sehen. Sie ist wie die meisten Inertialmesssysteme in der sogenannten "Strap-down"-Anordnung aufgebaut. Das bedeutet, dass die komplette Apparatur fest mit dem Flugkörper verbunden ist, um alle Bewegungen exakt zu erfassen. Ausserdem sind die drei in 90° zu einander stehenden einzelnen FOGs zu erkennen. Zum Vergleich ist in Abbildung 16 ein einzelner FOG zu sehen.

Abbildung 15: FOG IMU der Firma Northrop Grumman LITEF

Quelle: Northrop Grumman LITEF GmbH, Freiburg

Abbildung 16: Der µFORS - einachsiger FOG

Quelle: Northrop Grumman LITEF GmbH, Freiburg

---

[19] Quelle: http://www.northropgrumman.litef.de/index_d.htm ; eingesehen am 01.01.2010 | 17.00 Uhr

# 5  Fazit und Ausblick

Eines ist sicher, den Faserkreiseln gehört die Welt! Zumindest könnte man das meinen, wenn man den einzelnen Herstellern Glauben schenken darf. Und in der Tat, ihre Argumente sind überzeugend. Warum einen mechanischen Kreisel einsetzen, wenn die Faserkreisel doch so viel wartungsärmer sind?

Für die Zukunft interessant wird sein, wie sich der Einsatz von Faserkreiseln in Raketen entwickeln wird. Das System hat sich bewährt und einen festen Platz in der Geschichte räumlicher Orientierung eingenommen.

Sicher ist auch, dass FOGs weiterhin günstiger und besser werden. Dank eines starken Interesses seitens des Militärs und auch der zivilen Navigation ist zu erwarten, dass große Stückzahlen bei der Herstellung die Preise weiter senken werden.

Es bleibt abzuwarten, welche wissenschaftlichen Erkenntnisse die Entwicklung von Faserkreiseln weiter vorantreiben. Mit Sicherheit lässt sich jedoch sagen, dass der Einsatz von FOGs kein nahes Ende finden wird.

## Literaturverzeichnis und Quellen

*Barbour & Schmidt*: IEEE Sensors Journal, Vol. 1 No. 4, 2001

*Bundesministerium für Forschung und Technologie*: Entwicklung und Erprobung eines miniaturisierten Faserkreisels, Stuttgart 1985

*Bundesministerium für Forschung und Technologie*: Kurs/Lage-Referenzsystem mit Faserkreisel, Freiburg 1989

*Deppner, Heinz Georg*: Drehratenmessgeber, Bremen 1990

*KVH Industries, Inc.*: An update on KVH Fiber Optic Gyros and their benefits relative to other Gyro technologies, Middletown 2007


**Weitere Quellen:**

http://www.bundeswehr.de

http://www.imar-navigation.de

http://www.kvh.com

http://www.northropgrumman.litef.de

http://www.wikipedia.org

## Anhang

# iIMU-FI-M2

## Inertial Measurement Unit for Advanced Missile Control

iMAR's inertial measurement unit iIMU-FR-M1 (picture) had been designed to be a "form/fit/function" replacement for the IMU of an advanced air-to-air missile. The new iIMU-FI-M2 is now in development with advantages in smaller size, reduced

- < 50 deg/hr / 4 mg / 200 Hz
- higher MTBF than RLG systems
- Stabilisation tasks
- INS/GPS navigation
- Guidance and Control
- Form/Fit/Function replacement for a NATO used missile IMU

power consumption and open interface for nearly all applications in missile and AUV stabilisation and control. It is equipped with open-loop fiber optical gyros and robust servo accelerometers all manufactured in Europe and covers applications which require medium accuracy, high reliability and a fully digital interface like CAN or HDLC with high data rate to the user.

The system provides angular rate and linear acceleration via CAN bus or RS422. The data output can be triggered internally or externally. Also special requirements to the interface and the algorithms being processed inside of the iIMU-FI-M2 or form factor can be designed to application's specification. Advanced internal calibration algorithms allow fast internal calculation and efficient IMU calibration during manufacturing over rate and temperature.

Technical Data (different versions available):

| | | |
|---|---|---|
| Range: | ± 400 / ... / 1500 deg/s (or tbd) | ± 25 / 50 g |
| Drift OTR: | < 0.01 / 0.05 deg/s (option: 0.003 deg/s) | < 4 mg |
| Random Walk: | < 0.1 / 0.2 deg/sqrt(hr) | |
| Resolution: | < 0.003 deg/s | < 100 µg |
| Linearity error: | < 0.1 / 0.2% | < 500 ppm |
| Scaling error: | < 0.1 / 0.2% | < 500 ppm |
| Data rate: | 400 Hz (or tbd) | |
| Output (options): | RS232/422, CAN, HDLC or customer specific | |
| Built in Test (BIT): | integrated (> 99.8 %) | |
| Inputs: | external trigger (option) | |
| Service Interface.: | via RS232/422 or CAN or HDLC | |
| Size: | approx. ∅ 110 mm x 100 mm or customer specific | |
| Power supply: | +5 V, ±15 V or tbd (e.g. 10...18 V); ca. 12 W | |
| Temperature: | -40...+71 °C (operating within specification, case temperature) | |
| | -56...+85 °C (storage) | |
| MTBF: | > 10,000 hr (estimated) | |
| Shock, Humidity: | 100 g, 6 ms; 8...100 % rel. | |

**Bibliografische Information der Deutschen Nationalbibliothek:**

Die Deutsche Bibliothek verzeichnet diese Publikation in der Deutschen National-
bibliografie; detaillierte bibliografische Daten sind im Internet über http://dnb.d-
nb.de/ abrufbar.



**Impressum:**

Copyright © 2012 GRIN Verlag, Open Publishing GmbH
Druck und Bindung: Books on Demand GmbH, Norderstedt Germany
ISBN: 978-3-656-17012-9

**Dieses Buch bei GRIN:**

http://www.grin.com/de/e-book/191906/romy-schneider-sie-wollte-nicht-ewig-sissi-
sein

*Romy Schneider (1938–1982)*
*auf einem Foto vom 23. Juni 1971*

Ernst Probst

# Romy Schneider

Sie wollte nicht
ewig „Sissi" sein

*Beate Werner,*
*Bernd Werner,*
*Marianne Werner,*
*Otto Werner,*
*Sonja Werner,*
*Dr. Jochen Werner,*
*Christine Werner und*
*Steffen Werner*
*gewidmet*

*Magda Schneider (1909–1996)*
*mit dem Kinderstar Peter Bosse auf einem Foto von 1937*

# *Romy Schneider*

Sie wollte nicht ewig „Sissi" sein

Ein unvergessenes Filmidol der 1950-er Jahre war die deutsch-französische Schauspielerin Romy Schneider (1938–1982), eigentlich Rosemarie Magdalena Albach. Zu ihrem Ruhm trugen vor allem drei romantische „Sissi"-Filme über die österreichische Kaiserin und ungarische Königin Elisabeth (1837–1898) bei. Ihr von Kummer, Schicksalsschlägen, Tabletten und Alkohol getrübtes Leben endete bereits mit 43 Jahren.

Rosemarie Magdalena Albach erblickte am 23. September 1938 um 21.45 Uhr als erstes Kind des Schauspielerehepaares Wolf Albach-Retty (1906–1967) und Magda Schneider (1909–1996) in der österreichischen Hauptstadt Wien das Licht der Welt. Ihr Vater gehörte der österreichischen Schauspielerfamilie Albach-Retty an. Ihre Großmutter väterlicherseits war die Burgschauspielerin Rosa Albach-Retty (1874–1980) und ihr Großvater väterlicherseits der Offizier Karl Albach. Die Mutter von Rosemarie stammte aus Augsburg in Bayern, war die Tochter eines Installateurs und arbeitete ab 1930 als Filmschauspielerin. Großeltern mütterlicherseits waren Franz Xavier Schneider und Maria Schneider. Wegen ihres Geburtsortes Wien und wegen ihrer Vor-

*Rosa Albach-Retty (1874–1980),*
*Großmutter väterlicherseits*

fahren väterlicherseits betrachtete sich Romy später als Österreicherin. Allerdings beantragte sie nie die Staatsbürgerschaft von Österreich.

Der erste Vorname von Rosemarie Magdalena Albach wurde mit Bedacht ausgewählt. Er erinnerte an die Großmutter Rosa väterlicherseits und an die Großmutter Maria mütterlicherseits. Bereits als Kind wurde sie „Romy" gerufen.

Vier Wochen nach der Geburt von Romy in Wien zogen die Eltern mit ihr im Oktober 1938 nach Schönau am Königssee bei Berchtesgaden (Bayern). Dort wuchs Rosemarie weitgehend unter der Obhut ihrer Großeltern mütterlicherseits, Franz Xavier Schneider und Maria Schneider, auf deren Landgut Mariengrund auf. In ihren ersten Lebensjahren wurde sie außerdem von einem Kindermädchen betreut. Die Eltern von Rosemarie waren wegen ihrer Engagements als Schauspieler meistens unterwegs. Ihr Vater galt als kein Familienmensch und war selten zu Hause. Ihre Mutter kam nur zwischen den Dreharbeiten nach Mariengrund.

Am 21. Juni 1941 wurde Rosemaries Bruder Wolfdieter („Wolfi") Albach geboren. Er wuchs ebenfalls bei den Großeltern mütterlicherseits auf und wurde später als Erwachsener ein Chirurg. 1943 trennten sich die Eltern von Romy, die im Winter 1936 geheiratet hatten. Der Vater Wolf Albach-Retty lebte fortan mit der österreichischen Schauspielerin Trude Marlen (1912–2005) zusammen, die seine zweite Ehefrau wurde. Ab

September 1944 ging Rosemarie in die Volksschule von
Schönau. Im September 1945 ließen sich ihre Eltern
scheiden.

Nach der Scheidung nahm Romys Mutter Magda
Schneider alle Engagements an, die sie als Schauspielerin
bekommen konnte, um sich und ihre beiden Kinder
ernähren zu können. Deswegen war sie weiterhin nur
selten zu Hause. Für die Großeltern mütterlicherseits
wurde die Betreuung der beiden lebhaften Kinder Romy
und Wolfi immer belastender.

Vom 1. Juli 1949 bis zum 12. Juli 1953 besuchte Rosemarie das katholische Mädcheninternat der „Augustiner
Chorfrauen" auf Schloss Goldenstein in Elsbethen bei
Salzburg (Österreich). An dieser von den „Englischen
Fräulein" geführten privaten Hauptschule begeisterte
sie sich für die Schauspielerei und stand oft bei Theater-
aufführungen auf der Bühne. Während der vier Jahre,
die Romy im Internat verbrachte, wurde sie einige Male
von ihrer Mutter besucht, von ihrem Vater dagegen
nie.

An ihrem 13. Geburtstag schrieb Rosemarie 1951 in ihr
Tagebuch: „Musik, Theater, Film, Reisen, Kunst. Ja! Das
sind meine Elementseigenschaften. Diese fünf Worte
machen mein Theaterblut kochend." Die Leidenschaft
für das Theater ließ sie nicht mehr los. Am 10. Juni 1952
trug die 13-Jährige in ihr Tagebuch ein: „Wenn es nach
mir ginge, würde ich sofort Schauspielerin werden. So
wie Mammi. Aber mit ihr habe ich noch nie darüber

gesprochen. Darüber spricht man bei uns zu Hause gar nicht. ... Ach! Jedesmal wenn ich einen schönen Film gesehen habe, sind meine ersten Gedanken nach der Vorstellung: Ich muss auf jeden Fall einmal eine Schauspielerin werden. Ja! Ich muss!"
Mit dem Abschluss der Mittleren Reife verließ die 14-jährige Romy Schneider am 12. Juli 1953 das Internat Schloss Goldenstein. Die Sommerferien sollte sie bei ihren Großeltern mütterlicherseits auf dem Landgut Mariengrund verbringen. Danach war der Besuch der Kunstgewerbeschule in Köln geplant, weil sich beim Kunstunterricht im Internat herausgestellt hatte, dass Romy malerisch und zeichnerisch talentiert war. In der Domstadt am Rhein lebte damals auch ihre Mutter, die mit dem Kölner Großgastronom Hans Herbert Blatzheim (1905–1968) liiert war.
Drei Tage nach dem Verlassen des Internats erhielt Romy einen Telefonanruf ihrer Mutter, der ihr Leben in andere Bahnen lenkte. Sie sollte sich in München mit dem Produzenten Kurt Ulrich und dem Regisseur Hans Deppe treffen. Die Beiden suchten für den geplanten Heimatfilm „Wenn der weiße Flieder wieder blüht" (1953) nach einer geeigneten Besetzung für die Rolle als Evchen Forster, der Filmtochter von Magda Schneider. Nichtsahnend vom Talent und und Berufswunsch ihrer Tochter hatte die Mutter, die in diesem Film die Hauptrolle spielte, dem Produzenten ihre eigene Tochter vorgeschlagen.

Romy fuhr mit dem Zug nach München. Nach dem Gespräch mit Regisseur und Produzent lud man sie zu Probeaufnahmen in Berlin ein, die Anfang September 1953 erfolgten. „Es hat geklappt! Es hat geklappt" jubelte Romy am 6. September 1953 in ihrem Tagebuch und fügte hinzu: „Am 8. September fahren Mammi und ich nach Wiesbaden. Es geht los. ich filme! Toll! Einfach toll!!!" Im Heimatfilm „Wenn der weiße Flieder wieder blüht" feierte auch Götz George sein Filmdebüt. Die erfolgreiche Premiere fand am 11. November 1953 in Stuttgart statt.

Zur Zeit ihres Filmdebüts hieß Romy noch Rosemarie Albach. Vermutlich auf Betreiben ihrer Mutter bekam sie in ihrem ersten Film den Namen „Rosemarie Schneider-Albach". Manche Kritiker schrieben fälschlicherweise auch „Rosemarie Albach-Schneider". In Publicity-Artikeln über den ersten Film stand aber auch schon oft die Kurzform „Romy", die allmählich öffentlich etabliert wurde.

Im Dezember 1953 heiratete Magda Schneider, die Mutter von Romy, den 48-jährigen Kölner Großgastronom und Unternehmer Hans Herbert Blatzheim, genannt „HHB". Dieser besaß Restaurants, Varietés und Kinos. Blatzheim brachte aus seiner ersten Ehe mit der Französin Florence Vroome drei Kinder mit.

Im Mai 1954 stand Romy Schneider, wie man sie jetzt offiziell nannte, bei den Dreharbeiten für den Film „Feuerwerk" erneut vor der Kamera. Neben Lilli Palmer

(1914–1986) mimte sie ein junges Mädchen namens Anna Oberholzer, das von zu Hause ausreißt und sich einem Wanderzirkus anschließt. Während der Dreharbeiten vertraute sie ihrem Tagebuch an: „Ich weiß, dass ich in dieser Schauspielerei aufgehen kann. Es ist wie ein Gift, das man schluckt und an das man sich gewöhnt und das man doch verwünscht." Die 15-Jährige hatte in „Feuerwerk" ihre erste Kussszene mit Claus Biederstaedt. Sie hatte Angst, sie würde sich dabei blöd anstellen und fühlte, wie sie unter der Schminke rot wurde. Doch Biederstaedt war so nett, dass sie diese Szene nicht peinlich fand. Der Film kam im September 1954 in die deutschen Kinos.

Noch während der Dreharbeiten für „Feuerwerk" begegnete Romy Schneider dem österreichischen Regisseur Ernst Marischka (1893–1963). Dieser hatte damals bereits eine Schauspielerin für seinen geplanten Film „Mädchenjahre einer Königin" (1954) über die junge britische Königin Victoria (1819–1901) unter Vertrag. Doch nachdem er Romy kennengelernt hatte, besetzte er die Rolle überraschenderweise mit ihr um. Die 15-Jährige, die keinen Schauspielunterricht genossen hatte, spielte nun ihre erste Hauptrolle, war sich dieser Herausforderung durchaus bewusst und für ihre Chance dankbar.

Bald erfuhr Romy Schneider am eigenen Leib, dass ihr Traumberuf als Schauspielerin auch mit allerlei Nachteilen verbunden war. Beispielsweise konnte sie sich als Teenager nicht mehr unbeobachtet in der Öffentlichkeit zeigen und isolierte sich von Gleichaltrigen.

In dem Film „Die Deutschmeister" (1955) unter der Regie von Ernst Marischka stand Romy erneut zusammen mit ihrer Mutter Magda Schneider vor der Kamera. Dabei handelte es sich um eine Remake des Streifens „Frühjahrsparade" (1934) in dem Romys Vater die männliche Hauptrolle hatte. Der Film „Die Deutschmeister" und die Darsteller begeisterten das Publikum und die Kritiker. Das darin von Romy gesungene Lied „Wenn die Vöglein musizieren", erschien als Schallplatte.

Weniger gut als ihre vorherigen Filme kam der Streifen „Der letzte Mann" (1955) an, in dem Romy Schneider neben Joachim Fuchsberger und Hans Albers (1891–1960) spielte. Albers, der die Hauptrolle hatte, erklärte später über Romy: „Es war nicht mein Film, es war ihr Film."

Besonders berühmt wurde Romy durch die Hauptrolle in den drei Filmen „Sissi" (1955), „Sissi, die junge Kaiserin" (1956) und „Sissi – Schicksalsjahre einer Kaiserin" (1957). Wenn im deutschsprachigen Raum ihr Name fällt, wird sofort die Erinnerung an „Sissi" wach.

Die Dreharbeiten für den ersten „Sissi"-Film begannen im August 1955. Der Regisseur Ernst Marischka hatte die damals 16-jährige Romy Schneider für die Hauptrolle in dem Historienfilm über die junge Kaiserin Elisabeth („Sissi") verpflichtet. Ihre leibliche Mutter Magda Schneider spielte die Rolle der Kaiserinmutter Sophie (1805–1872). Karlheinz Böhm hatte die männliche Hauptrolle als Kaiser Franz Josef (1830–1916). Die Dreharbeiten erschienen Romy endlos lange.

Am 21. Dezember 1955 erfolgte die Weltpremiere des Films „Sissi". Einen Tag später sah man den Streifen erstmals in westdeutschen Kinos. Mit „Sissi" kam Romy Schneider zu Weltruhm. Bei einer Umfrage im November 1955, wer die beliebteste Schauspielerin in Deutschland ist, erreichte Romy hinter Maria Schell den zweiten Platz.

Die deutsche Presse feierte Romy Schneider zu Beginn ihrer Karriere als süßes Wiener Mädel, das begabt, hübsch und entzückend sei. Derartiges las die junge Schauspielerin gern. Das Hamburger Nachrichten-Magazin „Der Spiegel" veröffentlichte im März 1956 eine Titelgeschichte über Romy.

Mitte der 1950-er Jahre agierte der Stiefvater Hans-Herbert („Daddy") Blatzheim als Manager für Romy Schneider. Er verwaltete ihre Einnahmen und prüfte eingehende Rollenangebote für Filme. In seinen Kinos führte er oft ihre Filme auf. Außerdem nutzte der Großgastronom Blatzheim den hohen Bekanntheitsgrad von Romy für eigene Werbezwecke aus. Wenn er irgendwo ein neues Restaurant eröffnete, musste sich Romy dabei zeigen, was die Presse mehr anlockte. Erst

*Bild auf Seite 17:*

*Ölgemälde der Kaiserin
Elisabeth von Österreich (1837–1898),
genannt „Sissi":
Das Gemälde wurde 1865 von dem deutschen Maler
Franz Xaver Winterhalter (1805–1873) geschaffen.
Original in der Hofburg, Wien.
Kaiserin Elisabeth wurde
in drei romantischen „Sissi"-Filmen
von der Schauspielerin Romy Schneider (1938–1982)
dargestellt.*

später wurde publik, dass „Daddy" seiner Stieftochter damals nachstellte. Bei öffentlichen Auftritten stand ihre Mutter hinter ihr und flüsterte ihr zu, wenn sie lächeln sollte.

Obwohl der erste „Sissi"-Film riesigen Erfolg hatte, lehnte Romy Schneider zunächst eine Fortsetzung von „Sissi" energisch ab. Sie wollte keinen zweiten „Sissi"-Film drehen, war es leid, dass man immer über ihren Kopf entschied und wurde letztlich dann doch in die Knie gezwungen. Im Gegenzug für ihre Zusage zu einem weiteren „Sissi"-Film handelte sie ihre Mitwirkung in „Robinson soll nicht sterben" (1957), einem ihrer Lieblingsstoffe, aus. Darin verkörperte sie neben Horst Buchholz (1933–2003) die Tochter einer Baumwollspinnerin aus der Unterschicht. Zuvor drehte sie jedoch zusammen mit Karlheinz Böhn den Streifen „Kitty und die große Welt" (1956).

Auch der Film „Sissi, die junge Kaiserin" (1956) wurde ein Riesenerfolg. Hierfür nominierte man Romy Schneider 1957 für den „Bambi", den schließlich aber Gina Lollobrigida erhielt. Für die Dreharbeiten zum Film „Monpti" (1957) flog Romy erstmals nach Paris. Anschließend trat sie in „Scampolo" (1957) unter der Regie von Alfred Weidemann (1918–2000) auf.

Widerwillig wirkte Romy Schneider im dritten Teil der „Sissi"-Trilogie unter dem Titel „Sissi – Schicksalsjahre einer Kaiserin" (1957) mit. Auch dieser Streifen wurde wieder ein Riesenerfolg. Zum großen Verdruss ihres

Stiefvaters weigerte sich Romy, einen vierten „Sissi"-Film zu drehen. Wörtlich erklärte sie: „Als Sissi kann ich nicht mehr geben, als mir das Drehbuch erlaubt. Aber ich bin weder lieb noch herzig. Und ich möchte endlich beweisen, dass ich eine Vollblutschauspielerin bin, die sich nicht auf bestimmte Rollen festlegen lässt. Ich werde alles versuchen, um von meinem Sissi-Image loszukommen". Hierfür nahm sie in Kauf, dass ihr eine Gage von einer Millon Mark entging.

Durch die Ablehnung eines vierten „Sissi"-Filmes verschlechterte sich spürbar das Verhältnis zwischen Romy Schneider und deren Stiefvater Hans Herbert Blatzheim. Letzterer verplante ihr Leben werbewirksam für seine eigenen Zwecke und nutzte jede Gelegenheit, um sich mit seiner Stieftochter fotografiert zu werden. Wenn sie mit ihren Filmpartnern flirtete, machte er ihr oft Eifersuchtsszenen. Doch Romy lehnte sich immer mehr gegen ihre Bevormundung und Vermarktung auf.

Zusammen mit ihrer Mutter unternahm Romy Anfang 1958 eine dreiwöchige Reise nach New York City und Hollywood in Kalifornien. Grund der Reise war die Premiere des Films „Mädchenjahre einer Königin", den die „Walt Disney Company" unter dem englischen Titel „The Story of Vicky" in die Kinos der USA brachte. Damals gab Romy viele Interviews im Rundfunk und im Fernsehen, wurde von Filmstudios in Hollywood empfangen und begegnete Kollegen wie Helmut

Käutner (1908–1980), Curt Jürgens (1915–1982) und Sophia Loren.

Nach der Rückkehr in Deutschland drehte Romy Schneider neben Lilli Palmer (1914–1986), Therese Giehse (1898–1975) und Christine Kauffmann den Film „Mädchen in Uniform" (1958). Dieser Streifen erschien der selbstkritischen Romy als der erste Film, in dem sie sich selbst als Schauspielerin ernst nahm und selbstbewusst an ihre Rolle heranging. Doch ein Großteil der Presse würdigte ihre künstlerische Weiterentwicklung nicht.

Der Film „Christine" (1958) war Romy Schneiders erste ausländische Produktion. Dabei handelte es sich um ein Remake der ersten Tonverfilmung des Stückes „Liebelei" von Arthur Schnitzler (1862–1831). Darin übernahm Romy die 1933 von ihrer Mutter gespielte Rolle und stand an der Seite des damals noch unbekannten französischen Schauspielers Alain Delon vor der Kamera. Sie verliebte sich in ihn und zog mit ihm im Herbst 1958 nach Paris. Ihre Familie lehnte Delon ab, drängte aber, weil sie die Beziehung der Beiden nicht verhindern konnte, auf eine Verlobung, die am 22. März 1959 am Luganer See erfolgte.

Die deutsche Presse nahm es Romy Schneider lange Zeit übel, dass diese beruflich Deutschland den Rücken gekehrt hatte und berichtete teilweise hämisch über sie. Nun war das ehemalige süße „Wiener Mädel", das in wilder Ehe mit einem Franzosen lebte, plötzlich die

„abtrünnige Sissi“, eine „dumme Liese“, eine „Vaterlandsverräterin“ oder ein „Franzosenflittchen“.

Von Paris aus erfüllte Romy ihre Verträge für die Filme „Ein Engel auf Erden“, „Die schöne Lügnerin“ und „Katja, die ungekrönte Kaiserin“, die alle 1959 in die Kinos kamen. In dem Fernsehfilm „Die Sendung der Lysistrata“ (1961) unter der Regie von Fritz Kortner (1892–1970)) spielte sie die Hauptrolle.

Die erste Zeit in Paris war für Romy Schneiderin nicht immer leicht. Hierzu sagte sie: „In Deutschland war ich abgeschrieben, in Frankreich war ich noch nicht angeschrieben“. Während man ihr keine neuen Rollen anbot, stieg Delon zum Weltstar auf.

Eines Tages wurde Romy Schneider von Alain Delon mit dem italienischen Regisseur Luchino Visconti (1906–1976) bekannt gemacht. Dieser bot ihr die weibliche Hauptrolle in dem Theaterstück „Schade, dass sie eine Dirne ist“ an. 1961 stand Romy zusammen mit Delon in diesem Renaissance-Drama auf der Bühne des „Théâtre de Paris“. Mit Visconti, der Romy für „eine der genialsten Schauspielerinnen Europas“ hielt, drehte sie den Film „Boccaccio 70“ (1961). Ebenfalls 1961 ging sie mit „Die Möwe“, ihrer zweiten und letzten Theaterrolle, auf eine monatelange Tournee.

Neben Anthony Perkins (1932–1992) wirkte Romy Schneider als Leni in dem Film „Der Prozeß“ (1962) nach dem Roman von Franz Kafka (1883–1924) mit, bei dem Orson Welles (1915–1985) Regie führte. Als

*Bild auf Seite 23:*

*Filmplakat für den Streifen*
*„Ein Engel auf Erden" (1959),*
*in dem Romy Schneider mitwirkte.*
*Das Filmplakat wurde*
*von Helmuth Ellgaard (1913–1980)*
*geschaffen.*

ROMY
SCHNEIDER
EIN
Engel
AUF ERDEN
VERLEIH: DEUTSCHE FILM HANSA

*Romy Schneider auf dem Flughafen Madrid-Barajas
am 6. September 1965*

dieser Streifen erstmals vorgeführt wurde, erkannt sie sich selbst nicht. Für diese Rolle erhielt sie den Preis als beste ausländische Darstellerin und schaffte den künstlerischen Durchbruch in Frankreich.

„Der Kardinal" (1963) war der einzige Film, in dem Romy Schneider zusammen mit ihrem Vater Wolf Albach-Retty vor der Kamera stand. Sie spielte darin die Hauptrolle als Baronesse Annemarie von Hartmann und ihr Vater eine Nebenrolle als Baron von Hartmann. Romy hatte sich dafür eingesetzt, dass ihr Vater diese Nebenrolle bekam. Während der Dreharbeiten in Wien traf sich Romy mit ihren Eltern, die sich inzwischen wieder versöhnt hatten.

Im Herbst 1963 drehte Romy Schneider zusammen mit Jack Lemmon (1925–2001) in Los Angeles (Kalifornien) ihren erster Hollywood-Film „Leih mir deinen Mann" (1964), der ein Kassenschlager wurde. Während dieser Dreharbeiten in den USA las Romy in einer Zeitung völlig überrascht, ihr Lebensgefährte Alain Delon habe eine Affäre mit der Schauspielerin Nathalie Barthélemy. Als Romy nach Paris zurückkehrte, hatte Alain die gemeinsame Wohnung bereits verlassen und war mit seiner Geliebten nach Mexiko abgereist. Kurz darauf heiratete er Natalie. Für Romy brach eine Welt zusammen. Sie schnitt sich die Pulsadern auf, wurde aber rechtzeitig entdeckt, ins Krankenhaus gebracht und überlebte ihren Selbstmordversuch. Anschließend nahm sie eine längere Auszeit vom Film.

*Romy Schneider*
*mit Ehemann Harry Meyen (1924–1979)*
*und Ruth Brandt (1920–2006)*
*bei Empfang von Schauspielern*
*bei Bundeskanzler Willy Brandt (1913–1992)*
*am 23. Juni 1971*
*(von links nach rechts)*

Im Frühjahr 1964 beteiligte sich Romy an den Dreharbeiten für „L'Enfer" („Hölle") unter der Regie von Henri-Georges Clouzot (1907–1977). Als Letzterer erkrankte, brach man die Aufnahmen ab und der Film blieb unvollendet. Ähnlich endeten die Dreharbeiten für einen Film, den Visconti mit Romy drehen wollte.
Bei den Dreharbeiten für „Was gibt's Neues, Pussy?" (1965) wurde Romy Schneider fast von einem Scheinwerfer erschlagen.
Im Frühjahr 1965 flog Romy Schneider zur Eröffnung von zwei Restaurants ihres Stiefvaters Hans Herbert Blatzheim nach Deutschland. Bei der Eröffnung des „Europa-Centers" am 1. April 1965 in Berlin, in dem ihr Stiefvater ein neues Lokal einweihte, lernte Romy den 14 Jahre älteren, damals noch mit der Schauspielerin Anneliese Römer verheirateten Regisseur und Schauspieler und Regisseur Harry Meyen (1924–1979) kennen, der eigentlich Harald Haubenstock hieß. Im Herbst 1965 wollte Romy wieder in Deutschland arbeiten und in Berlin Theater zu spielen. Doch dieser Wunsch ging nicht in Erfüllung.
Neben Melina Mercouri (1920–1994) und Peter Finch (1916–1977) wirkte Romy Schneider im Herbst 1965 in dem Film „Halb elf in einer Sommernacht" (1966) mit. Von März bis Mai 1966 stand sie bei den Dreharbeiten für „Schornstein Nr. 4" erstmals zusammen mit dem französischen Schauspieler Michel Piccoli vor der Kamera.

Im Mai 1966 erfolgte die Scheidung der Ehe von Harry
Meyen mit Anneliese Römer. Am 15. Juli 1966 heirateten
Meyen und Romy Schneider in Saint-Jean Cap Ferrat
an der Côte d'Azur (Südfrankreich). Das Paar lebte
danach zuächst in Berlin-Grunewald. später in Hamburg.
Meyen forderte von Romys Stiefvater Hans Herbert
Blatzheim, dass die Verwaltung des Vermögens seiner
Ehefrau auf ihn übertragen wurde. Am 3. Dezember
1966 kam ihr gemeinsamer Sohn David Christopher in
Berlin zur Welt. In den folgenden zwei Jahren war Romy
fast ausschließlich Mutter und Ehefrau. Erst allmählich
fiel ihr auf, dass ihr Ehemann unter starker Migräne litt
und von Tabletten abhängig war, die verbunden mit
Alkohol oft zu Benommenheit, Müdigkeit, Lichtem-
pfindlichkeit, schweren Depressionen, Angst und Selbst-
mordgefährdung führten. Sein bedenklicher Zustand
wurde durch berufliche Misserfolge noch verschlim-
mert.

Am 21. Februar 1967 erlag Wolf-Albach-Retty, der Vater
von Romy, im Alter von 60 Jahren einem Herzinfarkt.
Bei der Beerdigung auf dem Wiener Zentralfriedhof
lieferten Reporter ein unwürdiges Schauspiel. Sie
kletterten über den Zaun, um Romy am Grab ihres
Vaters fotografieren zu können.

Am 1. Mai 1968 starb Romys Stiefvater Hans Herbert
Blatzheim in Vico Morcote nahe Lugano im Tessin
(Schweiz), wo er eine Villa besaß, nach einem Herzinfarkt
im Alter von 62 Jahren. Er hatte schon früher zwei

Schlaganfälle erlitten. Der „Gastronomie-Zar" Blatzheim hinterließ rund 80 Gastronomiebetriebe in Westeuropa.

Im Frühjahr 1968 wirkte Romy Schneider in London an den Dreharbeiten für die Agentenparodie „Ein Pechvogel namens Otley" mit. Es war der erste Film, den sie nach der Geburt ihres Sohnes David drehte.

Im Sommer 1968 stand Romy Schneider in „Der Swimmingpool" wieder mit Alain Delon vor der Kamera, der sie so schnöde verlassen hatte. Die Klatschpresse erhoffte neue Schlagzeilen durch ein mögliches Wiederaufleben der einstigen Romanze. Doch Romy vertraute ihrem Tagebuch an: „Wenn alle Schauspieler, die einmal zusammengelebt haben, keine Filme mehr zusammendrehen würden, gäbe es bald keine Filme mehr. Ich empfinde nichts mehr, es ist, als ob ich eine Mauer umarme".

Im Sommer 1969 drehte Romy Schneider den Film „Die Dinge des Lebens" (1970) unter der Regie von Claude Sautet (1924–2000). Dieser Streifen galt ein Jahr später als das Kinoereignis in Frankreich. Mit Sautet drehte Romy bis 1978 insgesamt fünf vielbeachtete Werke.

In den 1970-er Jahren arbeitete Romy Schneider vor allem in Frankreich. Dort stieg sie zur „Grande Dame" des französischen Films auf. Sie synchronisierte ihre Streifen fast ausschließlich selbst ins Deutsche und sogar ins Englische. Für den Film „Das Mädchen und der Mörder – Die Ermordung Trotzkis" (1972) stand Romy

*Romy Schneider bei Dreharbeiten
für den Film „Das Mädchen und der Kommissar" (1971)
in Issy-les-Moulineaux (Département Hauts-de-Seine)
in Frankreich am 31. Oktober 1970*

Schneider 1971 zum drittenmal mit Alain Delon vor der Kamera.

Romy Schneider engagierte sich auch gesellschaftspolitisch. Am 6. Juni 1971 gehörte sie zusammen mit Alice Schwarzer zu den 374 Frauen, die sich im Hamburger Magazin „Stern" der Abtreibung bezichtigten und die Abschaffung des Paragrafen 218 forderten.

In dem Film „Ludwig II." (1972) spielte Romy Schneider erneut jene Rolle, die für sie in den 1950-er Jahren zu Fluch und Segen geworden war: nämlich die österreichische Kaiserin Elisabeth („Sissi"). Zu ihrer Freude inszenierte der Regisseur Luchino Visconti die „Sissi" identisch. Romy meinte: „Ich werde den Charakter dieser Frau zum erstenmal wirklich spielen ... Ich war nie die leibhaftige Verkörperung der süßen, unschuldigen kaiserlichen Hoheit. Ich hab' sie gern gespielt, aber ich hab' dieser Traumfigur nie geähnelt. Nie wieder wollte ich nach den Sissi-Filmen in ein historisches Kostüm steigen. Und nun tat ich es doch." Den „Märchenkönig" Ludwig II. (1845–1886) von Bayern mimte Helmut Berger.

1973 beschlossen Romy Schneider und Harry Meyen, sich zu trennen. Romy zog mit ihrem Sohn David nach Paris. Ihre Ehe stand damals auf dem Tiefpunkt, ihre künstlerische Karriere dagegen auf dem Höhepunkt. Sie konnte ihre Rollen frei wählen und arbeitete mit den bedeutendsten Regisseuren und Schauspielern zusammen.

Innerhalb von zehn Monaten drehte Romy Schneider 1973 und 1974 fünf Filme. In „Le Train – nur ein Hauch von Glück" (1973) beispielsweise spielte sie eine deutsche Jüdin auf der Flucht, in „Das wilde Schaf" (1974) eine vernachlässigte Ehefrau, die sich auf einen Seitensprung einlässt und in „Trio Infernal" (1974) eine skrupellose und lebenshungrige Mordkomplizin.

Bei den Filmfestspielen in Taormina auf Sizilien ehrte man Romy Schneider für ihre Rolle in „L'important c'est d'aimer" („Nachtblende", 1974) als „beste Schauspielerin". Anfang 1975 drehte sie den Film „Das alte Gewehr – Abschied in der Nacht", der als ihr erfolgreichster Film in Frankreich gilt. 1976 verlieh man ihr für ihre Rolle in „Nachtblende" den erstmals vergebenen „französischen Oscar", den „Cesar". Für „Gruppenbild mit Dame" bekam sie 1977 den „Bundesfilmpreis in Gold". 1979 sprach man ihr den zweiten „Cesar" und den „David-de-Donatello-Preis", die höchste Auszeichnung des italienischen Films, zu.

Im Privatleben von Romy Schneider wechselten Glück und Unglück oft einander ab. Am 5. Juni 1975 ließen sich Romy und Harry Meyen scheiden. Damals war sie bereits mit Daniel Biasini liiert, der seit 1974 als ihr Privatsekretär arbeitete. Im September 1975 erfuhr sie, dass sie wieder schwanger war. Am 18. Dezember 1975 gab Romy in Berlin ihrem neun Jahre jüngeren Lebensgefährten Biasini das Jawort. Kurz danach erlitt sie bei einem Autounfall eine Fehlgeburt. Während der

Dreharbeiten für „Portrait de groupe avec dame" („Gruppenbild mit Dame", 1977) bemerkte sie, dass sie wieder schwanger war. Am 21. Juli 1977 kam ihre Tochter Sarah Magdalena in Gassin bei St. Tropez (Südfrankreich) zur Welt.

Romy erwarb in Ramatuelle einen alten Bauernhof, ließ ihn nach ihren Wünschen umbauen und zog mit ihrer Familie dort ein. Einige Jahre später vermisste sie in Ramatuelle den Trubel der Großstadt und kehrte wieder nach Paris zurück.

Am 15. April 1979 erhängte sich Harry Meyen, der Ex-Gatte von Romy Schneider, an der Feuerleiter seines Hauses in Hamburg-Havestehude. Er hatte sehr unter der Trennung von seinem Sohn David gelitten. Zudem waren Engagements ausgeblieben und seine Alkohol- und Tablettensucht hatte starke Depressionen ausgelöst. Am Ostersonntag 1979 wurde Meyen von seiner Lebensgefährtin, der Schauspielerin Anita Lochner, tot aufgefunden. Sein Tod machte Romy fassungslos. „Ich hätte mich mehr um ihn kümmern müssen", warf sie sich vor.

Die Leser/innen von „Paris Match" wählten Romy Schneider und Alain Delon 1980 zu den „Lieblingsstars des Jahres". Wegen eines Beinbruches von Romy mussten im April 1981 die Dreharbeiten für „Die Spaziergängerin von Sans-Souci" verschoben werden. 1981 geriet die Ehe von Romy Schneider mit Daniel Biasini in eine Krise. Boulevardzeitungen berichteten

über Affären von Biasini und Romy versuchte offenbar
ihren Kummer mit Alkohol und Tabletten zu vergessen.
Im Februar 1981 kam es zur Trennung von Daniel Biasini
und Romy Schneider. Zur Überraschung von Romy
wollte ihr 14-jähriger leiblicher Sohn David bei seinem
Stiefvater bleiben, was sie sehr verstörte. In einem
Interview mit dem „Stern" vom 23. April 1981 erklärte
sie, sie müsse Pause machen und endlich einmal zu sich
selbst finden, im Moment sei sie zu kaputt.
Im Mai 1981 konnten die Dreharbeiten für den Film
„Die Spaziergängerin von Sans-Souci" kurz begonnen
werden. Doch dann musste Romy wegen eines
gutartigen Tumors in einer schweren Operation die
rechte Niere enfernt werden. Damals reichte sie die
Scheidung von Biasini ein, die im Juni 1981 vollzogen
wurde.
Am 5. Juli 1981 erlitt Romy Schneider ihren größten
Schicksalsschlag. Bei dem Versuch, über das Gitter eines
eisernen Gartenzaunes auf das Grundstück der Eltern
von Daniel Biasini zu klettern, verlor ihr 14-jähriger
Sohn David das Gleichgewicht und wurde im Fallen
von einer Metallspitze des Zauns aufgespießt. Er erlag
im Krankenhaus seinen schweren Verletzungen. Am
Todestag des Sohnes von Romy saßen Paparazzi in den
Bäumen auf der Jagd nach dem besten Foto der
trauernden Mutter.
Nach diesem schrecklichen Unglück sah es zunächst
so aus, als ob Romy den Verlust ihres Sohnes nicht

bewältigen könne. Aber im Oktober 1981 erschien sie in Berlin erneut zu den Dreharbeiten für ihren letzten Film „Die Spaziergängerin von Sans-Souci" (1982), die im Dezember 1971 beendet wurden. Darin spielte sie eine Frau, die einen jüdischen Jungen in ihre Obhut nimmt.

Nach der Trennung von Biasini 1981 lebte Romy Schneider mit dem französischen Produzenten Laurent Pétin zusammen. Mit ihm suchte sie ein Haus auf dem Land, wo sie sich endgültig niederlassen und zur Ruhe kommen wollte. Im März 1982 fand sie in Boissy-sans-Avoir (Département Yvelines), etwa 50 Kilometer von Paris entfernt, ein passendes Objekt. Begeistert schrieb Romy ihrer Mutter: „Wir haben ein Haus! Endlich! Ein wunderschönes Haus auf dem Land. Hier will ich endgültig leben. Hier will ich mich um meine Tochter kümmern, hier will ich Konfitüre einkochen, unter den Bäumen spazierengehen, endlich richtig leben. Und hier will ich alt werden."

Weil es Schwierigkeiten bei der Finanzierung für den geplanten Kauf des Landhauses gab, flog Romy Schneider mit ihrem Lebensgefährten Laurent Pétin am 9. Mai 1982 zu ihrem Vermögensverwalter nach Zürich. Obwohl Romy mit ihren Filmen sehr viel Geld verdient hatte, besaß sie damals einen Schuldenberg. Der Stiefvater Hans Herbert Blatzheim, der bis zu seinem Tod im Mai 1968 die Gagen von Romy verwaltete, hatte rund 1,2 Millionen Schweizer Franken vom Vermögen seiner Stieftochter veruntreut, um sein Unternehmen vor dem Bankrott zu retten. die. Der Ex-Gatte Harry Meyen hatte nach der Scheidung von Romy die Hälfte deren Vermögens gefordert und gedroht, ihr das Sorgerecht für den Sohn David streitig zu machen. Daraufhin hatte Romy in die finanziellen Forderungen ihres Ex-Gatten eingewilligt und dieser eine Abfindung von etwa 1,5 Millionen Mark erhalten. Der untreue Ex-Gatte Daniel Biasini hatte auf Kosten von Romy ein Luxusleben geführt. Zu allem Überdruss forderte das französische Finanzamt von Romy Steuernachzahlungen in Millionenhöhe. In Zürich verfasste Romy am 10. Mai ihr Testament, in dem sie alles ihrer Tochter Sarah und Pétin vermachte.

Bis zuletzt hatte Romy Schneider ein vulkanisches Temperament, sie stand ständig unter Hochdruck, traf chaotische Entschlüsse, und ihre Gefühle kochten immer wieder siedend heiß auf. Regelmäßig nahm sie starke, schmerzstillende, das Herz belastende Nierenmittel und starke Schlafmittel ein. Außerdem trank sie gerne und reichlich Rotwein sowie andere alkoholische Getränke. Privat sehnte sich Romy nach Geborgenheit, Idylle, Familie und Glück.

Künstlerkollegen/innen bezeichneten den Umgang mit der Schauspielerin Romy Schneider als schwierig. Aber fast einmütig erinnerten sie sich, dass Romy vor der Kamera ein Profi war. Sie selbst sagte über sich: „Meine Fresse reisst alles raus". Tatsächlich besaß die 1,61 Meter große Romy ein klassisch-schönes Gesicht, eine unglaubliche Präsenz auf der Kinoleinwand und zweifellos große Starqualitäten. Ihr Maskenbildner erklärte: „Es war eine Art Magie". Ihr Freund und Schauspielerkollege Michael Piccoli sagte: „Sie konnte einem Angst machen".

Romys Großmutter Rosa Albach-Retty meinte, wer sich wie ihre Enkelin so hemmungslos von seinen Emotionen, Leidenschaften und Begierden treiben lasse, denke sicher nicht daran, dass eine Kerze, die man an beiden Ende anzünde, auch schneller abbrenne ... Die Ahnungen der Großmutter trogen nicht.

Am Freitagabend, 28. Mai 1982, waren Romy Schneider und ihr Lebensgefährte Laurent Pétin bei dessen Bruder zum Essen eingeladen, wobei viel getrunken wurde. Auf dem Heimweg in ihre Wohnung in der Rue Barbet-de-Jouy 11 sprachen sie über ihre Pläne am Wochenende. Als das Paar nach Mitternacht in die Wohnung zurückkehrte, fühlte Romy sich nicht gut, sah nach ihrer schlafenden Tochter und wollte noch Musik hören. Am Samstag, 29. Mai 1982, gegen 7.45 Uhr erwachte Pétin im Schlafzimmer, sah den Platz neben sich leer und suchte nach Romy. Er fand sie leblos zusammengesunken an ihrem Schreibtisch. In der Hand hielt sie einen Kugelschreiber, mit dem sie gerade notiert hatte, man möge eine Verabredung am Samstagmorgen mit einem Kollegen absagen, bevor ihr Herz zu schlagen aufhörte.

*Alain Delon*
*auf einem Foto vom 2. Dezember 2011*

Auf der Sterbeurkunde von Romy Schneider stand als Todesursache „natürliches Ableben durch Herzinfarkt". Ihre Mutter Magda Schneider meinte hierzu: „Was um Himmels willen ist natürlich am Tod einer schönen Frau von 43 Jahren?"
Über die Ursache des Todes von Romy Schneider ist viel diskutiert worden. Ihr Leibfotograf und ihr Manager schlossen in Interviews einen Selbstmord kategorisch aus. Sie verwiesen auf Romys bevorstehendes Filmprojekt „Einer gegen den anderen" (vorgesehener Drehbeginn 1. Juni 1982) mit Alain Delon und auf ihren geplanten Umzug aufs Land. In der Presse wurde Romy Schneiders Tod anfangs oft als Selbstmord gedeutet. Im Totenschein ist aber Herzversagen als Todesursache angegeben. Dies wurde später teilweise als „Tod mit gebrochenem Herzen" romantisiert. Bekannt ist, dass Romy nach einer Operation entgegen ärztlicher Anweisung auf den Konsum von Alkohol sowie Schlafmitteln am Abend und Aufputschmitteln am Morgen nicht verzichtet hatte. Lauf Auskunft des Leichenbeschauers war Fremdverschulden eindeutig auszuschließen Eine Oduktion der Leiche erfolgte nicht.
Die Beerdigung von Romy Schneider wurde von ihrem früheren Lebensgefährten Alain Delon organisiert. Man setzte Romy auf dem Dorffriedhof von Boissy-sans-Avoir bei. Ihr Sohn David wurde vom Friedhof in Saint-Germain-en-Laye in das Grab seiner Mutter umgebettet. Auf dem Grabstein von Romy, wurde, wie sie es

*Grab von Romy Schneider und ihres Sohnes*
*auf dem Dorffriedhof von Boissy-sans-Avoir*
*(Département Yvelines) in Frankreich*

sich früher einmal gewünscht hatte, nur ihr bürgerlicher Name „Rosemarie Albach" angebracht.

Über das ungewöhnliche Leben von Romy Schneider sind zahlreiche Biografien erschienen. Eines davon mit bisher noch nie veröffentlichten Fotos hieß „Meine Romy" und stammte von ihrem letzten Ehemann Daniel Biasini in Zusammenarbeit mit Marco Schenz. Allein zum 70. Geburtstag von Romy im Jahre 2008 sind drei neue Biografien erschienen.

An Romy Schneider erinnert der 1984 geschaffene „Romy-Schneider-Preis", mit dem Nachwuchsschauspielerinnen der französischen Filmindustrie ausgezeichnet werden. Seit 1999 verleiht man in Wien den österreichischen Filmpreis „Romy". Dabei wird eine vergoldete Statuette der Schauspielerin aus einer Szene in dem Film „Der Swimmingpool" überreicht. 2006 wurde Romy Schneider in der „ZDF"-Reihe „Unsere Besten" von den Fernsehzuschauern auf Platz 3 der deutschen Lieblingsschauspieler gewählt. 2009 fand am „Theater Heilbronn" die Uraufführung des Musicals „Romy – die Welt aus Gold" mit Daniela Schober in der Titelrolle statt. Am 11. November 2009 zeigte die „ARD" die Produktion „Romy" mit Jessica Schwarz in der Hauptrolle, die nach zwei Stunden Maske durchaus Ähnlichkeiten mit der Schneider hatte. Seit 2010 trägt ein Stern auf dem „Boulevard der Stars" in Berlin den Namen von Romy Schneider.

*Stern von Romy Schneider*
*auf dem „Boulevard der Stars" in Berlin*

# Filme von Romy Schneider

1953: Wenn der weiße Flieder wieder blüht
(als Rosemarie Schneider-Albach)
1954: Feuerwerk
1954: Mädchenjahre einer Königin
1955: Die Deutschmeister
1955: Der letzte Mann
1955: Sissi
1956: Sissi – Die junge Kaiserin
1956: Kitty und die große Welt
1957: Robinson soll nicht sterben
1957: Monpti
1957: Sissi – Schicksalsjahre einer Kaiserin
1958: Scampolo
1958: Mädchen in Uniform
1958: Christine
1959: Die Halbzarte
1959: Ein Engel auf Erden
1959: Die schöne Lügnerin
1959: Katja, die ungekrönte Kaiserin (Katia)
1960: Nur die Sonne war Zeuge (Plein soleil),
nicht im Abspann erwähnt
1961: Die Sendung der Lysistrata (Fernsehfilm)
1962: Boccaccio 70, Episodenfilm

1962: Der Kampf auf der Insel (Le combat dans l'île)
1962: Der Prozeß (Le procès)
1963: Die Sieger (The Victors)
1963: Der Kardinal (The Cardinal)
1964: L'Enfer (unvollendet)
1964: L'amour à la mer
1964: Leih mir deinen Mann (Good Neighbour Sam)
1965: Was gibt's Neues, Pussy? (What's New, Pussycat?)
1966: Schornstein Nr. 4 (La voleuse)
1966: Halb elf in einer Sommernacht (10:30 P.M. Summer)
1966: Spion zwischen zwei Fronten (Triple Cross)
1966: Brennt Paris? (Paris brûle-t-il?), Szene geschnitten
1968: Ein Pechvogel namens Otley (Otley)
1969: Der Swimmingpool (La piscine)
1970: Die Dinge des Lebens (Les choses de la vie)
1970: Inzest (My Lover My Son)
1970: Die Geliebte des Anderen (Qui?)
1971: La Califfa
1971: Das Mädchen und der Kommissar (Max et les ferrailleurs)
1971: Bloomfield
1972: Das Mädchen und der Mörder – Die Ermordung Trotzkis (L'assassinat de Trotsky, The Assasssination of Trotzky)
1972: César und Rosalie (César et Rosalie)
1972: Ludwig II. (Ludwig)
1973: Le Train – Nur ein Hauch von Glück (Le train)

1974: Das wilde Schaf (Le mouton enragé)
1974: Sommerliebelei (Un amour de pluie)
1974: Trio Infernal (Le trio infernal)
1975: Nachtblende (L'important, c'est d'aimer)
1975: Die Unschuldigen mit den schmutzigen
Händen (Les innocents aux mains sales)
1975: Das alte Gewehr bzw. Abschied in der Nacht
(Le vieux fusil)
1976: Mado
1976: Die Frau am Fenster (Une femme à sa fenêtre)
1977: Tausend Lieder ohne Ton (Fernsehfilm, nicht
im Abspann erwähnt)
1977: Gruppenbild mit Dame (Portrait de groupe
avec dame)
1978: Eine einfache Geschichte (Une histoire simple)
1979: Blutspur (Bloodline)
1979: Die Liebe einer Frau (Clair de femme)
1980: Death Watch – Der gekaufte Tod (La mort en
direct)
1980: Die Bankiersfrau bzw. Die Bankpräsidentin (La
banquière)
1981: Die zwei Gesichter einer Frau (Fantasma
d'amore)
1981: Das Verhör (Garde à vue)
1982: Die Spaziergängerin von Sans-Souci (La
passante du Sans-Souci)

Quelle: Wikipedia

*Wohlfahrtsmarke der Deutschen Post*
*aus der Serie „Deutschsprachige Filmschauspieler",*
*Ausgabetag 12. Oktober 2000,*
*nach einem Entwurf*
*von Antonia Graschberger, München*

# Literatur

AMOS, Robert (Herausgeber): Mythos Romy Schneider – Ich verleihe mich zum Träumen, Neu Isenburg 2006

BIASINI, Daniel: Meine Romy. Aufgezeichnet von Marco Schenz, München 1998

FEMBIO Frauen-Biographie-Forschung
http://www.fembio.org

GIORDANO, Isabella: Romy Schneider – Das private Album, Berlin 2006

GRETTER, Susanne: Romy Schneider: Aus: PUSCH, Luise (Herausgeberin): Berühmte Frauen, Kalender 1998, Frankfurt 1997

HEINZLMEIER, Adolf / SCHULZ, Bernd / WITTE, Karsten: Die Unsterblichen des Kinos, Band 2, Glanz und Mythos der Stars der 40er und 50er Jahre, Frankfurt am Main 1980

INTERNET MOVIE DATABASE
(Film-Datenbank) http://www.imdb.com

JÜRGS, Michael: Der Fall Romy Schneider, München 1991

KNEF, Hildegard: Romy Schneider – Betrachtung meines Lebens, Hamburg 2007

KRENN, Günter: Romy Schneider. Die Biographie, Berlin 2008

PROBST, Ernst: Superfrauen 7 – Film und Theater, Mainz-Kostheim 2001

PUBLIKUMSLIEBLINGE NICHT NUR VON GESTERN http://www.steffi-line.de
Internetseite von Stephanie D'heil, Düsseldorf

SCHWARZER, Alice: Romy Schneider – Mythos und Leben, Köln 1998

TAST, Hans-Jürgen: Romy Schneider – Ein Leben auf Titelseiten, Schellerten 2008

THIELE, Johannes: Romy Schneider: Ihre Filme. Ihr Leben. Ihre Seele, Wien 2007

TÖTEBERG, Michael: Romy Schneider, Reinbek bei Hamburg 2009

TRIMBORN, Jürgen: Romy und ihre Familie, München 2008

WIKIPEDIA (Online-Lexikon)
http://wikipedia.org

WINNERT, Derek (Herausgeber): Romy Schneider. Aus: Kino. Die große Welt der Filme und Stars, S. 155, Niedernhausen 1995

WYDRA, Thilo: Romy Schneider. Leben, Werk, Wirkung, Frankfurt am Main 2008

# Bildquellen

Airair/CC-BY-SA3.0 (Foto vom 31. Oktober 1970 bei
Dreharbeiten für den Film „Das Mädchen und der
Kommissar" (1971) in Issy-les-Moulineaux,
Département Hauts-de-Seine, Frankreich): 30
(via WikimediaCommons), lizensiert unter
CreativeCommons-Lizenz by-sa-3.0-de
http://creativecommons.org/licenses/by-sa/3.0/
legalcode

Klaus Benz, Fotograf, Mainz-Laubenheim: 52

Ivan Bessedin/CC-BY2.0 (Foto vom 2. Dezember
2011 in Almaty, Kasachstan)
Flickr http://www.flickr.com/photos/
53742941@N08/6580755249: 38 (via Wikimedia
Commons), lizensiert unter CreativeCommons-
Lizenz by-2.0-de
http://creativecommons.org/licenses/by/2.0/
legalcode

Bundesarchiv B 145 Bild-F034157-009 / CC-BY-
SA3.0 (Foto von Engelbert Reineke vom 23. Juni
1971): 1 (via Wikimedia Commons), lizensiert unter
CreativeCommons-Lizenz by-sa-3.0.de
http://creativecommons.org/licenses/by-sa/3.0/de/
legalcode

Reproduktion eines Fotos aus „Spermans goldenes Buch des Theaters" (1902): 8

Reproduktion eines Fotos eines unbekannten Fotografen aus dem Kinoprogrammheft „Das Programm von heute", Verlag R. Leminger, Wien 1937: 6
Reproduktion eines Ölgemäldes des deutschen Malers Franz Xaver Winterhalter (1805–1873) von 1865, Original in der Hofburg, Wien: 17

Henry Salomé/CC-BY-SA3.0 (Foto vom 25. September 2006): 40 (via Wikimedia Commons), lizensiert unter CreativeCommons-Lizenz by-sa-3.0-de http://creativecommons.org/licenses/by-sa/3.0/legalcode

Times/CC-BY-SA3.0 (Foto vom 11. September 2010): 42 (via Wikimedia Commons), lizensiert unter CreativeCommons-Lizenz by-sa-3.0-de http://creativecommons.org/licenses/by-sa/3.0/legalcode

*Autor Ernst Probst*

# Der Autor Ernst Probst

Ernst Probst, geboren am 20. Januar 1946 in Neunburg vorm Wald im bayerischen Regierungsbezirk Oberpfalz, ist Journalist und Wissenschaftsautor. Er arbeitete von 1968 bis 1971 als Redakteur bei den „Nürnberger Nachrichten", von 1971 bis 1973 in der Zentralredaktion des „Ring Nordbayerischer Tageszeitungen" in Bayreuth und von 1973 bis 2001 bei der „Allgemeinen Zeitung", Mainz. In seiner Freizeit schrieb er Artikel für die „Frankfurter Allgemeine Zeitung", „Süddeutsche Zeitung", „Die Welt", „Frankfurter Rundschau", „Neue Zürcher Zeitung", „Tages-Anzeiger", Zürich, „Salzburger Nachrichten", „Die Zeit", „Rheinischer Merkur", „Deutsches Allgemeines Sonntagsblatt", „bild der wissenschaft", „kosmos", „Deutsche Presse-Agentur" (dpa), „Associated Press" (AP) und den „Deutschen Forschungsdienst" (df). Aus seiner Feder stammen die Bücher „Deutschland in der Urzeit" (1986), „Deutschland in der Steinzeit" (1991) und „Deutschland in der Bronzezeit" (1996). Von 2001 bis 2006 betätigte sich Ernst Probst als Buchverleger sowie zeitweise als internationaler Fossilienhändler und Antiquitätenhändler. Insgesamt veröffentlichte er rund 300 Bücher, Taschenbücher, Broschüren und E-Books.

# *Bücher von Ernst Probst*

*(Auswahl)*

Als Mainz noch nicht am Rhein lag

Annie Oakley
Die Meisterschützin des Wilden Westens

Archaeopteryx. Der Urvogel
aus Bayern

Christl-Marie Schultes. Die erste Fliegerin in Bayern
(zusammen mit Theo Lederer)

Cortés und Malinche. Der spanische Eroberer
und seine indianische Geliebte

Der Europäische Jaguar

Der Mosbacher Löwe
Die riesige Raubkatze aus Wiesbaden

Der Rhein-Elefant
Das Schreckenstier von Eppelsheim

Eiszeitliche Leoparden in Deutschland

Frauen im Weltall

Hildegard von Bingen. Die deutsche Prophetin

Höhlenlöwen. Raubkatzen
im Eiszeitalter

Julchen Blasius
Die Räuberbraut des Schinderhannes

Katharina II. die Große.
Die Deutsche auf dem Zarenthron

Johann Jakob Kaup
Der große Naturforscher aus Darmstadt

Königinnen der Lüfte in Deutschland

Königinnen der Lüfte in Europa

Königinnen der Lüfte in Amerika

Königinnen der Lüfte von A bis Z

Rund 70 Kurzbiografien berühmter Fliegerinnen,
Ballonfahrerinnen, Luftschifferinnen,
Fallschirmspringerinnen, Astronautinnen und
Kosmonautinnen

Königinnen des Films

Königinnen des Tanzes

Königinnen des Theaters

Malende Superfrauen

Meine Worte sind wie die Sterne

Die Entstehung der Rede des Häuptlings Seattle
(zusammen mit Sonja Probst)

Monstern auf der Spur
Wie die Sagen über Drachen, Riesen
und Einhörner entstanden

Neues vom Ur-Rhein
Interview mit dem Geologen und Paläontologen
Dr. Jens Sommer

Österreich in der Frühbronzezeit

Österreich in der Mittelbronzezeit

Österreich in der Spätbronzezeit

Pompadour und Dubarry. Die Mätressen
von Louis XV.

Raub-Dinosaurier von A bis Z.
Mit Zeichnungen von Dmitry Bogdanav
und Nobu Tamura

Rekorde der Urmenschen
Erfindungen, Kunst und Religion

Rekorde der Urzeit
Landschaften, Pflanzen und Tiere

Säbelzahnkatzen. Von Machairodus
bis zu Smilodon

Säbelzahntiger am Ur-Rhein. Machairodus
und Paramachairodus

Superfrauen aus dem Wilden Westen

Tony und Bruno Werntgen. Zwei Leben für die Luftfahrt
(zusammen mit Paul Wirtz)

Was ist ein Menhir?
Interview mit dem Mainzer Archäologen
Dr. Detert Zylmann

Weisheiten der Indianer

Wer ist der kleinste Dinosaurier?
Interviews mit dem Wissenschaftsautor Ernst Probst

Wer war der Stammvater der Insekten?
Interview mit dem Stuttgarter Biologen
und Paläontologen Dr. Günther Bechly

Zenobia von Palmyra.
Eine Frau kämpft gegen die Römer

Bestellungen bei: http://www.grin.com